Energieerfassung eines zu modernisierenden Gebäudes. Ein Sanierungsentwurf

Misturat Anifowose

Bibliografische Information der Deutschen Nationalbibliothek:

Die Deutsche Nationalbibliothek verzeichnet diese Publikation in der Deutschen Nationalbibliografie; detaillierte bibliografische Daten sind im Internet über http://dnb.d-nb.de abrufbar.

ISBN: 9783346885708
Dieses Buch ist auch als E-Book erhältlich.

SANIERUNGSENTWURF

EXPOSEE

„Ein Haus braucht Pflege, um in einem guten Zustand zu bleiben. Regelmäßig zu renovieren, gehört daher zum Pflichtprogramm jedes Hausbesitzers. Doch manchmal sind größere Investitionen sinnvoll, um das Haus zukunftsfähig zu machen.“

Inhaltsverzeichnis

1   Inhaltsverzeichnis 1

2   Zusammenfassung 2

3   Bestandsaufnahme und Dokumentation des Modernisierungsobjektes 3

    1.1 U-Wert Berechnung 3

    1.2 Energetische Bewertung der Bauteile (Wände und Bodenplatte) 5

    1.3 Schätzung der Heizkosten und Brennstoffverbräuche aller Bauteile........................5

    1.4 Wärmetechnisch relevante Angaben zur Lüftungsart / Nachteil Fensterlüftungen..............6

4   Entwicklung und Darstellung eines Konzeptes zur Verbesserung der Energiebilanz 7

    1.5 Dämmung der Dachflächen nach EnEV 7

    1.6 Empfehlung Dachflächendämmung 8

    1.7 Veränderungen der Wärmeerzeugeranlage (Heizung) und Empfehlungen 8

5   Entwicklung und Darstellung eines Konzeptes zur Verbesserung der Energiebilanz 11

    1.8 Komplettsanierung des Gebäudes 11

6   Entwicklung und Darstellung eines Konzeptes zur Verbesserung der Energiebilanz 17

    1.9 Darlehen der KfW..17

    1.10 KfW-Effizienzhaus 160%..19

7   Heizung – Warum ist eine Pellet-Anlage regenerativ?...20

8   Nachrüstpflichten / bedingte Maßnahmen EnEV 2014/2016..21

9   Fazit 24

10 Abbildungsverzeichnis 25

11 Quellen 26

Zusammenfassung

Die vorliegende Arbeit beschäftigt sich mit der Energieerfassung eines zu modernisierenden Gebäudes. Es verfügt über einem Kellergeschoss, in dem sich die Garage befindet, ein Erdgeschoss, ein Obergeschoss sowie ein Spitzboden.
Primär befasst sie sich die Arbeit mit dem Ist-Zustand der Gebäude. Daher umfasst die Aufgabe dessen Dokumentation und diverse Sanierungsvorschläge. Zugrunde gelegt werden die energetisch relevanten Bauteile und deren U-Werte sowie der Grundriss des Modernisierungsobjektes.

Gegenstand der Arbeit ist die Darstellung des wärmetechnischen bzw. heizenergetischen Ausgangsniveaus der Gebäude und die Entwicklung eines Konzeptes zur Verbesserung der Energiebilanz unter Berücksichtigung der Anforderung der EnEV.
Dabei geht um darum, die U-Werte verschiedener Bauteile zu berechnen, diese energetisch zu bewerten und die Heizkosten wie auch die Brennstoffverbräuche einzuschätzen.
Im Zusammenhang mit der Erfüllung der EnEV Vorgaben ist die Wichtigkeit von Dämmmaßnahmen und ausführbare Veränderungen der Wärmeerzeugeranlage (Heizung) zu berücksichtigen. Mögliche Einsparungseffekte sind zu erkennen sowie Empfehlungen für eine effiziente Modernisierung.

Darauf aufbauend soll ein Darlehen der KfW in Betracht gezogen werden. Daran schließt sich wichtige Angaben zur Forderung seitens der KfW.

In Rahmen der regenerativen Energien ist eine Pellet-Anlage vorzustellen. Es stellt sich hier die Frage ob sie überhaupt regenerativ ist.
Danach werden Nachrüstpflichten sowie bedingte Maßnahmen der EnEV Vorgaben beschrieben. Abschließend werden alle Maßnahmen und Empfehlungen zusammengefasst.

Bestandsaufnahme und Dokumentation des Modernisierungsobjektes

Für eine ordnungsgemäße heizenergetische Darstellung der Gebäude und um den aktuellen Stand dokumentieren zu können, müssen die U-Werte folgender Bauteile zunächst berechnet und anschließend bewertet werden.

U-Wert Berechnung

Mit der Formel[1]

$$U = \frac{1}{R_T} = \frac{1}{R_{si} + \frac{d_1}{\lambda_1} + \frac{d_2}{\lambda_2} + \frac{d_n}{\lambda_n} + \cdots R_{se}} \left[\frac{W}{m^2 K}\right]$$

können die Ergebnisse ermittelt werden. Dabei gilt: Je niedriger der U-Wert, desto besser ist die Wärmedämmeigenschaft des Bauteils.[1]

Außenwand:

$$1)\ U = \frac{1}{R_T}$$

$$2)\ R_T = R_{si} + R_1 + R_2 + R_3 + R_{se}$$

$$3)\ R_T = R_{si} + \frac{d_1}{\lambda_1} + \frac{d_2}{\lambda_2} + \frac{d_3}{\lambda_3} + R_{se}$$

$$4)\ R_T = \left(0{,}13 + \frac{0{,}015}{0{,}7} + \frac{0{,}25}{1{,}3} + \frac{0{,}015}{1{,}0} + 0{,}04\right) m^2 K/W = 0{,}399\ m^2 K/W$$

$$5)\ U = \frac{1}{0{,}399}\ W/m^2 K = 2{,}51\ W/m^2 K$$

---

[1] http://heizkostenrechner.eu/u-wert-r-wert-und-lambda-wert.html

Außenwand West KG:

$$1)\ U\ = \frac{1}{R_T}$$

$$2)\ R_T\ = R_{si} + R_1 + R_2 + R_3 + R_{se}$$

$$3)\ R_T\ = R_{si} + \frac{d_1}{\lambda_1} + \frac{d_2}{\lambda_2} + \frac{d_3}{\lambda_3} + R_{se}$$

$$4)\ R_T\ = (0{,}13 + \frac{0{,}015}{0{,}7} + \frac{0{,}40}{1{,}2} + \frac{0{,}015}{1{,}0} + 0{,}04)\ m^2K/W\ = 0{,}540\ m^2K/W$$

$$5)\ U\ = \frac{1}{0{,}540}\ W/m^2K\ = 1{,}85\ W/m^2K$$

Kelleraußenwand:

$$1)\ U\ = \frac{1}{R_T}$$

$$2)\ R_T\ = R_{si} + R_1 + R_2 + R_3 + R_4 + R_{se}$$

$$3)\ R_T\ = R_{si} + \frac{d_1}{\lambda_1} + \frac{d_2}{\lambda_2} + \frac{d_3}{\lambda_3} + \frac{d_4}{\lambda_4} + R_{se}$$

$$4)\ R_T\ = (0{,}13 + \frac{0{,}015}{0{,}7} + \frac{0{,}40}{2{,}2} + \frac{0{,}005}{0{,}17} + \frac{0{,}1}{0{,}045} + 0{,}00)\ m^2K/W = 2{,}585\ m^2K/W$$

$$5)\ U\ = \frac{1}{2{,}585}\ W/m^2K\ = 0{,}39\ W/m^2K$$

Bodenplatte:

$$1) \; U \;\; = \frac{1}{R_T}$$

$$2) \; R_T \;\; = R_{si} + R_1 + R_2 + R_3 + R_{se}$$

$$3) \; R_T \;\; = R_{si} + \frac{d_1}{\lambda_1} + \frac{d_2}{\lambda_2} + \frac{d_3}{\lambda_3} + R_{se}$$

$$4) \; R_T \;\; = \left(0,17 + \frac{0,05}{0,7} + \frac{0,14}{0,035} + \frac{0,015}{2,1} + 0,00\right) m^2 K/W \;\; = 4,249 \; m^2 K/W$$

$$5) \; U \;\; = \frac{1}{4,249} \; W/m^2 K \;\; = 0,24 \; W/m^2 K$$

Energetische Bewertung der Bauteile (Wände und Bodenplatte)

Die Berechnung der U-Werte für die Wände und Bodenplatte stellt die schlechten U-Werte der Außenwände (2,51 W/m²K) und die der Kelleraußenwand 'West' (1,85 W/m²K) dar. Diese Bauteile sind energetisch als schlecht zu bezeichnen, wenn man bedenkt, dass Außenwände in der Summe eine der größten Flächen eines Gebäudes einnehmen.

Aufgrund dieser Werte ist das energetische Niveau des Gebäudes nicht zu erreichen und damit schneidet die Gesamtenergetische Bewertung des Gebäudes schlecht ab. Die Bodenplatte (0,24 W/m²K) und die Kelleraußenwände (0,39 W/m²K) weisen im Vergleich der restlichen Bauteile jedoch ausgesprochen gute U-Werte auf und sind damit energetisch optimal.

Schätzung der Heizkosten und Brennstoffverbräuche aller Bauteile

Die ausgeprägten U-Werte der Bodenplatte (0,24 W/m²K), der Kelleraußenwände (0,39W/m²K) sowie die des Dachgeschosses (0,77 W/m²K) und der obersten Geschossdecke (0,75 W/m²K) sind in der gesamten energetischen Betrachtung für das Haus eher zu vernachlässigen, weil beispielsweise die Fläche einer Bodenplatte im Vergleich zu den restlichen Bauteilflächen einen geringen Anteil aufweist.

Dementsprechend ist der Wärmeverlust aufgrund der schlechten Außenwände (2,51 W/m²K) so hoch, dass sich die theoretisch ‚eingesparte' Energie nicht auszahlt.

Außerdem weisen die Fenster und Lichtschachtfenster (2,50 W/m²K) als auch die Dachflächenfenster (1,7 W/m²K) äußerst schlechte U-Werte auf. Weiterhin haben das Garagentor und die Tür des Kellergeschosses einen hohen U-Wert von 2,8 W/m²K. Die aus Holz hergestellte Hauseingangstür im Erdgeschoss besitzt mit 2,5 W/m²K ebenfalls einen sehr schlechten U-Wert.
Die Außenwände, Fenster und Türen sind in der Energiebilanz des Hauses also die größten Einflussnehmer, da sie hier enorm viel Wärme nach außen abgeben.

Demzufolge weist das Haus insgesamt einen sehr hohen Energiebedarf auf. Aufgrund der schlechten U-Werte der genannten Bauelemente, ist zu erkennen, dass der Brennstoffverbrauch und die damit verbundenen Heizkosten sehr hoch sein werden.

Wärmetechnisch relevante Angaben zur Lüftungsart / Nachteil Fensterlüftungen

Wärmetechnisch ist eine Belüftung mittels Lüftungsanlage energetischer und sinnvoller als Fensterlüftungen.
Lüftungsanlagen regeln je nach Luftverhältnissen die Luftmengen der Räume. Das heißt, die abgenutzte Raumluft wird dort abgezogen, wo sie belastet wurde – z.B. aus Badezimmer und Küche (Ablufträume). Innerhalb der Gebäude strömt die Anlage gleichzeitig frische Außenluft über ihr Kanalsystem nach (in die Zulufträume).
Dieser Luftaustausch ist dauerhaft und wird mithilfe von Ventilatoren sichergestellt bzw. angetrieben. Die Luft strömt durch Luftspalte der Innentüren oder durch Luftschlitzgitter von den Zulufträumen zu den Ablufträumen.

Die Fensterlüftung allerdings erneuert die Raumluft immer nur für den Augenblick. An Tagen mit geringer Windstärke ist die Lüftung nur oberflächig. Bei hoher Windstärke ist eine Belastung der Luftqualität durch Gerüche von außen unvermeidbar.
Ist die Lüftungsdauer zu lange besteht eine hohe Energieverlust. Außerdem könnten so Bauschäden und Schimmelpilze – z.B. an den Fensterlaibungen – entstehen. Ist die Lüftungsdauer nicht ausreichend nimmt die Raumluftqualität, beispielsweise aufgrund menschlicher Ausdünstungen, ab.

Alles in Allem muss in diesem Fall die Objektgröße in Betracht gezogen werden, denn eine mechanische Belüftung ist für dieses Einfamilienhaus zu teuer, da die Amortisationsdauer zu hoch wäre. Somit sollte hier keine Lüftungsanlage eingebaut werden.

Entwicklung und Darstellung eines Konzeptes zur Verbesserung der Energiebilanz

Hierbei ist ein Konzept der Verbesserungen, die unter Berücksichtigung der Anforderungen der EnEV zu erstellen ist. Denn die Dämmung der Dachflächen und Veränderungen an der Wärmeerzeugeranlage (Heizung) müssen mit den Vorgaben der EnEV übereinstimmen. In diesem Zusammenhang werden diese Maßnahmen mit Empfehlungen und mögliche Einsparungseffekte begleitet.

Dämmung der Dachflächen nach EnEV

Bezüglich der Vereinigung der bestehende Heizungsanlagenverordnung und Wärmeschutzverordnung, die durch die EnEV (Energieeinsparverordnung) geregelt wird, ist sowohl die Nutzenergie, die einem Raum zur Verfügung gestellt wird, als auch die Endenergie, die im Haus übergeben wird, bilanzrelevant.
Demgemäß muss, um die Auflagen der EnEV zu erfüllen, seit Januar 2016, die oberste Geschossdecke (Dachboden) einen Dämmwert von $U < 0,24$ W/m²K aufweisen.

Die aktuelle Dämmung des obersten Geschossdecke weist jedoch einen U-Wert von 0,75 W/m²K auf. Eine Erweiterung bzw. Modernisierung der bereits angebrachten Dämmung ist insofern verpflichtend.
Um zumindest die Anforderungen der EnEV zu erfüllen (U-Wert $< 0,24$ W/m²K), muss zunächst der U-Wert der obersten Geschossdecke (0,75 W/m²K) um 0,51 W/m²K gemindert werden. Das ist durch eine Verstärkung der Dämmschicht realisierbar.

Bei Nachbesserungen liegt die Preisklasse für Dachböden in der Regel zwischen 40 bis 50 € pro m² [2]. Die Quadratmeterzahl der Dachfläche beträgt schätzungsweise 77m² (10,2m x 7,7m) - bei einer Berechnung anhand des Grundrisses -.
Somit werden die Kosten für die Ausbesserung des obersten Geschossdecke 3.800 € bis 3.850 € betragen.
Die Dämmung der obersten Geschossdecke (Dachboden) ist eine kostengünstige Gelegenheit, um bis zu 20% der Heizkosten einzusparen[2]. Außerdem amortisieren sich solche Investitionen meist bereits nach 4 bis 6 Jahren.

Da das oberste Geschoss allerdings bewohnt wird, ist zu empfehlen, dass auch der Spitzboden bzw. das Dach zusätzlich gedämmt werden müsste, um die Einsparungseffekte der obersten Geschossdeckendämmung zu generieren.

Allerdings weist das Dach auch nur einen U-Wert von 0,77 W/m²K auf. Die Nachbesserung liegt hier zwischen 100 bis 200 € pro m² [2]. Dementsprechend bedeutet dies eine zusätzliche Kostenaufwand von geschätzt 6000€ (L x B = 10,2m x 4m).

---

[2] https://www.energieheld.de/dach/dachdaemmung/enev

Die bloße Dämmung der obersten Geschossdecke, ist ohne die des Spitzbodens, also nicht empfehlenswert, da der Spitzboden zu dem Gebäude und somit zur thermischen Hülle gehört.

Empfehlung Dachflächendämmung

Eine entscheidende Rolle, um die Anforderungen der EnEV zu berücksichtigen und auch allgemein den Energiebilanz zu verbessern, spielen demnach die Bauelemente, die auch hohe U-Werte haben. Das sind sowohl das Dach als auch die Außenwände, die Fenster und die Dachflächenfenster. Diese müssten auch neu gedämmt werden, damit sich die Dämmung der obersten Geschossdecke entsprechend auszahlt und das Gebäude auf längere Sicht nachhaltig wird.

Diese Variante bietet sich also nicht an. Es wird empfohlen bei einer Veränderung der Gebäudestruktur alle dazugehörenden Teile mit einzubeziehen.

Veränderungen der Wärmeerzeugeranlage (Heizung) und Empfehlungen

Die Instandsetzung der Heizungsanlage ist eine zu empfehlende Variante. Zwar ist der Einbau eines neuen Gas-Brennwertkessels eine kostenintensive Maßnahme, jedoch entspricht es dem aktuellen Stand der Technik und hilft langfristig Kosten einzusparen. Außerdem möchte der Gesetzgeber die Nutzung von Brennwerttechnik fördern, wodurch unter Umständen Fördergelder beantragt werden können.
Ergänzend ist auch in der EnEV vorgeschrieben, dass Öl- und Gasheizkessel, die älter als 30 Jahre sind, ersetzt werden müssen.

Das gesamte Heizsystem muss allerdings neu aufgerüstet werden, aber viele geringfügige Veränderungen helfen dabei die Energiekosten bis zu 30% zu sparen[3]. Im Vergleich zu den Standardkessel kann damit bis zu 50% der CO_2 Emissionen verringert werden[3].

Bei der Umstellung würde zudem zusätzliche Fläche frei werden, da der Öltank nicht mehr benötigt wird. Ebenso entstehen mit der Verwendung von Gas-Brennwertkessel sehr niedrige Abgastemperaturen (max. 120°C) als alte Wärmeerzeuger (240°C)[4]. Deshalb ist prinzipiell eine Abgasleitung (Schornstein) mit Kunststoffrohr ausreichend.

Auch die Mindestanforderungen für die Dämmdicke von Rohrleitungen und Armaturen wird von der EnEV geregelt. Das Gesetz gibt im Regelfall eine 100%-Dämmung vor.

---

[3] https://www.energieheld.de/heizung/ratgeber/kessel-typen/brennwertkessel
[4] https://www.kaminsystem.de/abgassysteme-aus-pp-fuer-gas-und-oel-brennwert.html

Somit sind alle warmlaufenden Rohrleitungen wie Heizungsleitungen, Trinkwarmwasser und Trinkwasserzirkulation mit einer Dämmstärke zu umhüllen, die mindestens dem Innendurchmesser der Rohrleitung entspricht.

Zeile	Art der Leitungen/Armaturen	Mindestdicke der Dämmschicht, bezogen auf eine Wärmeleitfähigkeit von 0,035 W/(m·K)
1	Innendurchmesser bis 22 mm	20 mm
2	Innendurchmesser über 22 mm bis 35 mm	30 mm
3	Innendurchmesser über 35 mm bis 100 mm	gleich Innendurchmesser
4	Innendurchmesser über 100 mm	100 mm

Abbildung 1 - Auszug aus Tabelle 1 EnEV - aktuelle Fassung

Weiterhin sind Thermostat-Ventile von Nöten. Sie sind dafür da, um die Raumtemperatur zu regeln, damit der zu beheizende Raum die gewünschte Temperatur erreicht und die gewünschte Raumtemperatur nicht überschreitet. Mithilfe der Skala an dem Ventil ist die gewünschte Temperatur einstellbar. Das Thermostatventil öffnet oder verschließt den Eingang zum Heizkörper. Es regelt somit die Menge des heißem Vorlaufwassers. So gelangt mehr oder weniger heißes Wasser zum Heizkörper.

Alle Thermostatventile in dem Gebäude sollten mit einer Spreizung von 1K versehen werden. Die 1K Raumtemperaturregler messen Temperaturveränderungen genau. Zum Beispiel erfassen sie eine Temperaturschwankung von 25° bis 26° C exakt. Thermostat-Ventile mit 2K Ausführung messen dagegen nur sprunghaft. Zum Beispiel 25°, 27°, 29°C usw.
Der wesentliche Unterschied ist also die Messgenauigkeit, die dabei hilft, Energie zu sparen.

Die Wärmeverteilung (also die Heizung) mit einer Vorlauftemperatur von 55°C und einer Rücklauftemperatur von 45°C auszulegen ist wirkungsvoll, da dann der Heizkörper ausreicht um diese Auslegungstemperatur (55/45) die Raumtemperatur auf 20°C zu halten.
In der Regel ist eine Auslegungstemperatur von 55/45 für Neubauten mit sehr guten Dämmwerten gedacht. Deshalb sind die angesetzten Systemtemperaturen von 55/45 hier erst dann realisierbar, sofern die zuvor genannten empfohlene Dämmmaßnahmen vorgenommen wurden. Da sonst eine Raumtemperatur von 20°C nicht erreicht werden kann.

Empfehlenswert bei der Erneuerung der Heizungsanlage ist auch einen hydraulischen Abgleich vorzunehmen. Der hydraulische Abgleich ist eine lohnende Ergänzung und hat sich in puncto effizientes Heizen gut bewährt.

Mithilfe des hydraulischen Abgleichs wird der Massenstrom, den der Heizkörper zum Heizen benötigt auf das maximale nötige für jeden einzelnen Heizkörper begrenzt. So wird die Wärme gleichmäßig verteilt und es erzeugt eine gleichzeitige Erwärmung in dem Gebäude. Anhand dieser Werte können beispielsweise die Thermostatventile voreingestellt werden.

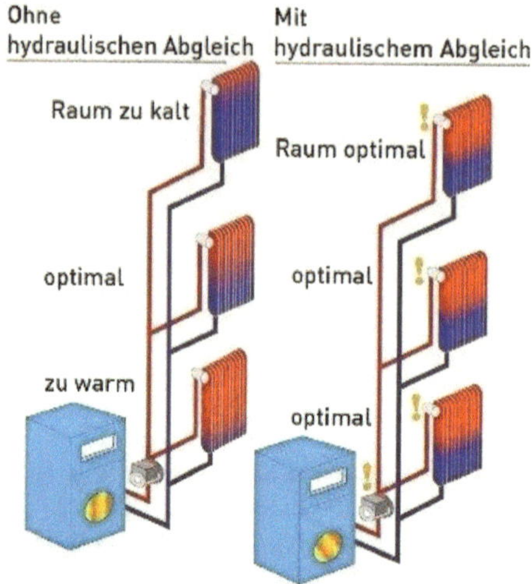

Abbildung 2 - optimale Brennwertnutzung durch hydraulischen Abgleich [2]

Weiterhin ist der Einbau einer Leistungsgeregelten Pumpe zu empfehlen. Eine solche Pumpenart erkennt selbständig den benötigten Systemdruck der Heizungsanlage und reguliert die Leistung. Damit wird die elektrische Leistung, die die Pumpe benötigt, permanent optimiert und dabei werden die Verbrauchskosten für den elektrischen Strom, den die Pumpe benötigt, auf das Geringste reduziert.

Ein Warmwasserspeicher mit neu verlegter Zirkulationsleitung liefert das warme Wasser direkt zur Entnahmestelle. Da das warme Wasser dort direkt anliegt und nicht erst ~10 Sekunden nach dem Aufdrehen fließt, hilft es unnötige Wasserverschwendungen zu minimieren. Der Speicher sowie die Zirkulationsleitung sollten unbedingt nach Vorgaben der EnEV gedämmt werden.

Zusammenfassend sind Veränderungen der Heizungsanlage eine gute Variante, um weitere Einsparungseffekte zu erzielen.

Entwicklung und Darstellung eines Konzeptes zur Verbesserung der Energiebilanz

Weiterhin sind unter Berücksichtigung der Anforderungen der EnEV ein Konzept zur Komplettsanierung der Gebäude zu erstellen. Diese Maßnahme ist auch hier mit konzeptionellen Vorstellungen und Einsparungsmöglichkeiten zu begleiten. Es besteht kein Bezug zu der vorherigen Planung.

Komplettsanierung des Gebäudes

Um das Gebäude langfristig effizient und zukunftssicher zu modernisieren, sollte das gesamte Gebäude komplett saniert werden. Die Dämmung der Gebäude ist eine wichtige Maßnahme in Hinblick auf energiesparendes Bauen und Wohnen.

Bei der U-Wert Überprüfung der Bauphysikalischen Bauteile sind erhebliche Mängel zum Vorschein getreten.

Bauteil	U-Wert (aktuell)	U-Wert (EnEV)
Dach	0,77 W/m²K	0,24 W/m²K
Oberste Geschossdecke	0,75 W/m²K	0,21 W/m²K
Außenwand	2,51 W/m²K	0,23 W/m²K
Bodenplatte	0,24 W/m²K	0,24 W/m²K
Fenster	2,50 W/m²K	1,40 W/m²K
Kelleraußenwand	0,39 W/m²K	0,39 W/m²K
Kelleraußenwand West	1,85 W/m²K	0,22 W/m²K
Haustür	2,5 W/m²K	1,7 W/m²K

Die bloße Entfernung der vorhandenen Dachdämmung von 4cm und neue Gipskartonplatten reichen nicht aus, um die Anforderungen der EnEV zu erfüllen und um das Gebäude wärmetechnisch auszustatten. Der U-Wert des Dachs sollte dafür dringend reduziert werden. Es ist demnach zu empfehlen die vorhandene Dämmung von 4cm, um 10cm zu erweitern.

Vorher:

$$1)\ U = \frac{1}{R_T}$$

$$2)\ R_T = R_{si} + R_1 + R_{si}$$

$$3)\ R_T = R_{si} + \frac{d_1}{\lambda_1} + R_{se}$$

$$4)\ R_T = (0{,}10 + \frac{0{,}04}{0{,}035} + 0{,}0)4\ m^2K/W = 1{,}283\ m^2K/W$$

$$5)\ U = \frac{1}{1{,}283}\ W/m^2K = 0{,}77\ W/m^2K$$

Nachher:

$$1)\ U = \frac{1}{R_T}$$

$$2)\ R_T = R_{si} + R_1 + R_{si}$$

$$3)\ R_T = R_{si} + \frac{d_1}{\lambda_1} + R_{se}$$

$$4)\ R_T = (0{,}10 + \frac{0{,}14}{0{,}035} + 0{,}04)\ m^2K/W = 4{,}14\ m^2K/W$$

$$5)\ U = \frac{1}{4{,}14}\ W/m^2K = 0{,}24\ W/m^2K$$

Durch diese zusätzliche Dämmung des Daches können sowohl die Heizkosten gesenkt werden als auch die Vorgaben der EnEV gerecht werden. Eine mangelhafte Dachdämmung erhöht nämlich unnötig den Brennstoffverbrauch, da ein großer Teil von der Heizung geschaffene Wärme aus dem Dach entweichen kann.

Auch sollte die alte Dämmung der obersten Geschossdecke abgetragen und mit einer neuen Dämmung von nun 16cm aufgetragen werden. Die Dämmung sollte mit Mineralfaser WLG (Wärmeleitgruppe) 035 statt Mineral- und Pfl. faserdämmstoff 040 erfolgen. Dies ermöglicht außerdem eine Übererfüllung der EnEV Vorgaben.

Vorher: U-Wert = 0,75 W/m²K

Nachher: U-Wert = 0,21 W/m²K

$$1)\ U\quad = \frac{1}{R_T}$$

$$2)\ R_T\quad = R_{si} + R_1 + R_2 + R_{si}$$

$$3)\ R_T\quad = R_{si} + \frac{d_1}{\lambda_1} + R_{se}$$

$$4)\ R_T\quad = (0{,}10 + \frac{0{,}16}{0{,}035} + 0{,}04)\ m^2K/W\ = 4{,}71\ m^2K/W$$

$$5)\ U\quad = \frac{1}{4{,}71}\ W/m^2K\ = 0{,}21\ W/m^2K$$

Für eine Minderung des Brennstoffverbrauch ist zudem auch die Außenwanddämmung förderlich. Eine weitere Dämmung mit Polystyrol-Partikelschaum ist anzuwenden, um auch hier die hohe U-Werte zu reduzieren. Mit einer 035 WLG (Wärmeleitgruppe) und eine dicke von 14cm ist diese Dämmmaßnahme ausführbar.

Vorher: U-Wert = 2,51 W/m²K

Nachher: U-Wert= 0,23 W/m²K

$$1)\ U\ =\ \frac{1}{R_T}$$

$$2)\ R_T\ =\ R_{si} + R_1 + R_2 + R_3 + R_{se}$$

$$3)\ R_T\ =\ R_{si} + \frac{d_1}{\lambda_1} + \frac{d_2}{\lambda_2} + \frac{d_3}{\lambda_3} + \frac{d_4}{\lambda_4} + R_{se}$$

$$4)\ R_T\ =\ (0,13 + \frac{0,015}{0,7} + \frac{0,25}{1,3} + \frac{0,015}{1,0} + \frac{0,14}{0,035} + 0,04)\ m^2 K/W\ = 4,399\ m^2 K/W$$

$$5)\ U\ =\ \frac{1}{4,399}\ W/m^2 K\ = 0,23\ W/m^2 K$$

Um den heutigen Energie-Spar Standard gerecht zu werden, ist das Auswechseln der Fenster zwingend erforderlich. Hauptsächlich stellen Fenster ungefähr 25% der Gebäudefläche dar und spielen daher eine große Rolle bei der Gesamtenergieeffizienz der Gebäude.
Eine gute Wärmedurchgangskoeffizient ist durch einer neuen Wärmeschutz-/ Isolierglasfenster möglich.
Da allerdings die EnEV dafür sorgt, dass Fenster keine Energie verschwenden, gibt es auch hier Werte, die eingehalten werden müssen.

Bauteil	Werte für Wohngebäude
Fenster & Fenstertüren	1,3 W/(m²·K) g-Wert 0,60
Dachflächenfenster	1,4 W/(m²·K) g-Wert 0,60
Lichtkuppeln	2,7 W/(m²·K) g-Wert 0,64

Abbildung 3 - Werte für Fenster nach EnEV [3]

Ein niedrigerer U-Wert von jetzt 1,4 W/m²K bedeutet somit hohe Energieeinsparung. Daher müssen alle Fenster der Gebäude auf dem gleichen Standard gebracht werden, um die Vorgaben zu erfüllen.

Die Kelleraußenwand erfüllt bereits die Anforderungen der EnEV. Die im Westen liegender Teil (Kelleraußenwand West) weist jedoch zu hohe U-Werte auf. Um auch hier das Gebäude heizenergetisch zu sanieren, muss eine weitere Dämmung ausgeführt werden. Derzeit liegt der U-Wert bei 1,85 W/m²K.
Sofern dies wie die Außenwände gedämmt wird, ist eine Erfüllung der Vorgaben machbar. Das heißt auf den vorhandenen Putz muss ebenfalls Polystyrol-Partikelschaum mit 035 WLG (Wärmeleitgruppe) aufgeklebt werden und 14cm dick sein.

$$1)\ U\ = \frac{1}{R_T}$$

$$2)\ R_T\ = R_{si} + R_1 + R_2 + R_3 + R_{se}$$

$$3)\ R_T\ = R_{si} + \frac{d_1}{\lambda_1} + \frac{d_2}{\lambda_2} + \frac{d_3}{\lambda_3} + \frac{d_4}{\lambda_4} + R_{se}$$

$$4)\ R_T\ = (0{,}13 + \frac{0{,}015}{0{,}7} + \frac{0{,}40}{1{,}2} + \frac{0{,}015}{1{,}0} + \frac{0{,}14}{0{,}035} + 0{,}04)\ m^2K/W\ = 4{,}540\ m^2K/W$$

$$5)\ U\ = \frac{1}{4{,}540}\ W/m^2K\ = 0{,}22\ W/m^2K$$

Die aus Holz eingebauten Hauseingangstür mit einem U-Wert von 2,5 W/m²K erreicht die Anforderungen der EnEV nicht. Doch die neue Dämmung mit einem jetzigen U-Wert von 1,7 W/m²K ist ein weiteres Argument für eine hohe Energieeinsparung.

Im Großen und Ganzen müssen all diese Maßnahme aufeinander abgestimmt werden damit Brennstoff gespart wird. Mit der energetischen Sanierung verbessert sich das Wohnklima und die Wohnbehaglichkeit steigt.
Wärmebrücken als auch Luftundichtigkeit können so reduziert werden und Fenster sowie die Gebäudehülle auf moderne umweltschonende Standards gebracht werden.

Durch die Einsparungen bei den Heizkosten amortisieren sich alle Sanierungen in absehbarer Zeit und können darüber hinaus lange ihren Dienst erfüllen.

Sanierung	Amortisationszeit	Heizkosten-Einsparungen
Fenster tauschen	8 - 15 Jahre	10 - 20 %
Neue Heizung installieren	7 - 10 Jahre	10 - 15 %
Fassade dämmen	8 - 14 Jahre	15 - 20 %
Dach dämmen	8 - 18 Jahre	15 - 20 %

Abbildung 4 - Einsparungen nach energetischen Sanierungen [4]

Entwicklung und Darstellung eines Konzeptes zur Verbesserung der Energiebilanz

Nach all dem Vorschlägen und Maßnahmen soll nun ein Darlehen an die Kosten angerechnet werden. Ein zinsverbilligtes Darlehen der KfW ist geplant. Hierbei werden die Ansprüche der KfW genauer betrachtet und damit auch die Anforderungen, die gerecht werden müssen, bevor eine Beantragung eingeleitet werden kann. Des Weiteren sollen Angaben gegeben werden, was die Anforderungen bei einem Gebäude mit der KfW-Effizienzhaus 160% sind.

Darlehen der KfW

Die Kreditanstalt für Wiederaufbau, auch KfW genannt, bietet in den Geschäftsfeld Wohnen, Bauen und Energiesparen umfangreiche Konzepte an, die für Finanzierung oder auch Investitionen zur Verfügung stehen. Die KfW hat die Stellung als Anstalt des öffentlichen Rechts (AöR) und vergibt daher die Fördermittel auf Basis des KfW-Gesetzes.
Es ist die weltweit größte nationale Bank die Fördermittel in diesen Segmenten bereitstellt und nach ihrer Bilanzsumme ist es die drittgrößte Bank Deutschlands.

Um ein Darlehen der KfW in Anspruch nehmen zu können, muss das zu fördernde Gebäude bestimmte Standards erfüllen damit sie als ein KfW-Effizienzhaus bezeichnet werden kann. Das KfW-Effizienzhaus ist ein technischer Standard, die den Förderzweck dient. Der Jahresprimärenergiebedarf und der Transmissionsverlust einer Immobilie wird mit dem von der EnEV vergleichbaren Neubau gemessen und berechnet. Die berechneten Höchstwerte müssen mit den EnEV Vorgaben für Neubauten übereinstimmen. Diese Werte sind der Basis für die KfW-Effizienzhaus-Standards.

> *„[…] Als Primärenergiebedarf wird die Energiemenge bezeichnet, die erforderlich ist, um den gesamten Energiebedarf einer Immobilie zu decken. Der Transmissionswärmeverlust wiederum beschreibt die Energiemenge, die bei einer beheizten Immobilie nach außen verloren geht […]."* [5]

Unterschiedliche Zahlenwerte geben an, wie hoch der Energiebedarf im Verhältnis zu einem vergleichbaren Neubau ist. Die Zahlen stehen dabei für den prozentualen Energieverbrauch. Die KfW fördert bei einer energetischen Sanierung die KfW-Effizienzhaus Standard 55, 70, 85, 100 und 115. Dabei gilt: Je niedriger die Zahl, desto höher die Energieeffizienz und desto höher die Förderung.

---

[5] https://www.drklein.de/kfw-effizienzhaus.html

Förderstufen	Jahresprimär-energiebedarf	Transmissions-wärmeverlust	Tilgungs-zuschuss	max. je WE
KfW-Effizienzhaus 55	55 %	70 %	27,5 %	27.500 EUR
KfW-Effizienzhaus 70	70 %	85 %	22,5 %	22.500 EUR
KfW-Effizienzhaus 85	85 %	100 %	17,5 %	17.500 EUR
KfW-Effizienzhaus 100	100 %	115 %	15,0 %	15.000 EUR
KfW-Effizienzhaus 115	115 %	130 %	12,5 %	12.500 EUR
KfW-Effizienzhaus Denkmal	160 %	175 %	12,5 %	12.500 EUR
Heizungs-/Lüftungspaket	-	-	12,5 %	6.250 EUR
Einzelmaßnahmen	-	-	7,5 %	3.750 EUR

Abbildung 5 - Sanierung zum KfW-Effizienzhaus [5]

Eine Immobilie darf beispielsweise den Jahresprimärenergiebedarf von 100% im Vergleich zu einem Referenzhaus der EnEV nicht überschreiten. Die KfW-Effizienzhaus 100 entspricht hundertprozentig den Vorgaben der EnEV. Dafür gibt es einen 15% Tilgungszuschuss.

Ein KfW 55-Haus dagegen unterbietet diesen Wert, denn es braucht nur 55% der jährlichen Primärenergiebedarf im Vergleich zu einem Neubau und erhält damit 27,5% Tilgungsausschuss.
Dieser Tilgungszuschuss reduziert den KfW-Kredit und minimiert die Zahlungslaufzeit. So muss der gesamte Betrag nicht zurückgezahlt werden.
Das heißt, je besser die Sanierung nach der KfW-Effizienzhaus-Standard ist, desto höher der Tilgungszuschuss.

Da hier eine Komplettsanierung ausgeführt wird und das Anstreben eines Effizienzhaus-Standards den Tilgungszuschuss erhöht, kann ein „Energieeffizient Sanieren-Kredit 151" beantragt werden.
Die 151 Förderprogramm ist auf eine Komplettsanierung ausgelegt. Es können bis zu 100.000 Euro gewilligt werden und obendrein bis zu 27.500 Euro Zuschuss zur Kredittilgung für jede Wohneinheit bei einem angestrebten KfW-Effizienzhaus 55.[6]

---

[6] www.kfw.de – Energieeffizient Sanieren-Kredit

Das KfW-Effizienzhaus 160% gilt nur für Denkmalgeschützte Häuser, die aufgrund ihres städtebaulichen, historischen oder künstlerischen Hintergrunds von großer Bedeutung sind. Da diese Gebäude aber sehr alt sind, gehören hohe Heizkosten zum Alltag. Doch um das Gebäude energetisch sanieren zu können, muss es mit allen Denkmalschutzauflagen harmonieren. Dazu zählt zum Beispiel der Erhalt der historischen Fassade oder besondere Fensterverzierungen. Dies erweist sich allerdings oft als eine mühsame Angelegenheit.

Damit auch solche Gebäude energieeffizient und wirtschaftlich saniert werden können, bietet die KfW denkmalgeschützte Häuser oder Häuser mit sonstiger besonders erhaltenswerter Bausubstanz vereinfachte Förderungsvoraussetzungen an.
Vereinfacht wird, dass das „Standard KfW-Effizienzhaus Denkmal" mit ihren 160% für den Jahres-Primärenergiebedarf und 175% für den Transmissionswärmeverlust die gleichen Werte haben darf wie ein vergleichbares Referenzgebäude der EnEV. Das heißt, das Gebäude kann in Bezug auf den Energiebedarf 60% schlechter sein als Neubauten.

Diese Gebäude müssen Eigenschaften aufweisen, damit die Ausnahmeregelungen gelten. Es müssen Gebäude sein, bei denen

> *„es sich um ein Baudenkmal nach den Denkmalschutzgesetzen der Länder handelt (laut Denkmalliste oder per Gesetz); Gebäude, die Teil eines Denkmalensembles sind und Gebäude, die durch die Kommunen (zum Beispiel Denkmalbehörde, Stadtplanungsamt oder Bauamt) als sonstige besonders erhaltenswerte Bausubstanz eingestuft sind [...]."*[7]

Die KfW fordert also, dass das Gebäude

- in einem Sanierungs- oder Erhaltungsgebiet liegt
- in den Schutzbereich einer Altstadtsatzung fällt
- aus anderen Gründen zur örtlich erhaltenswerten Bausubstanz zählt[8]

So wird sichergestellt, dass Renovierungen und Sanierungen an Denkmalimmobilien durchgeführt werden können.

---

[7] https://www.das-baudenkmal.de/wissenswertes/foerderung/kfw/
[8] www.kfw.de – Baudenkmale energieeffizient sanieren

Heizung – Warum ist eine Pellet-Anlage regenerativ?

Regenerative Energien sind unbegrenzte Energieträger, d.h. sie sind erneuerbar und stehen daher dauerhaft zur Verfügung.
Mit Biomasse lässt sich demnach heizen. Pellets bzw. Holzpellets sind getrocknete stäbchenförmige Brennstoffe, die aus Reste von holzverarbeitender Industrie, Waldrestholz und Sägenebenprodukten zusammengepresst/hergestellt werden.
Pellets ist in diesem Fall ein nachwachsender Rohstoff, der als Anlage bzw. Zentralheizung das gesamte Gebäude mit Wärme für Heizung und Brauchwasser versorgen kann.

Holzpellets sind regenerativ, weil sie in der Verbrennung nur das CO_2 (Kohlenstoffdioxid) in die Erdatmosphäre freisetzen, das sie in ihrem Wachstum bereits in sich speichern. Sie verbrennen CO_2 so neutral und sauber, dass sie keine Geruchsbelästigung bedeutet, was sich sowohl für die Wohnatmosphäre als auch für die Umwelt positiv auswirkt. Zudem kann die entstandene Asche problemlos als Dünger verwendet werden.
Sofern nationaler Holzrohstoff verwendet werden, können Transportwege eingespart und damit Abgase reduziert werden. Bis zu sechseinhalb Tonnen CO_2 Emissionen können mit einer Pellet-Anlage jährlich eingespart werden verglichen mit einer modernen Öl-Brennwertheizung.[9]
Die Verwendung einer Pellet-Anlage ist also eine umweltfreundlichere Variante zur Gewinnung von Heizwärme.

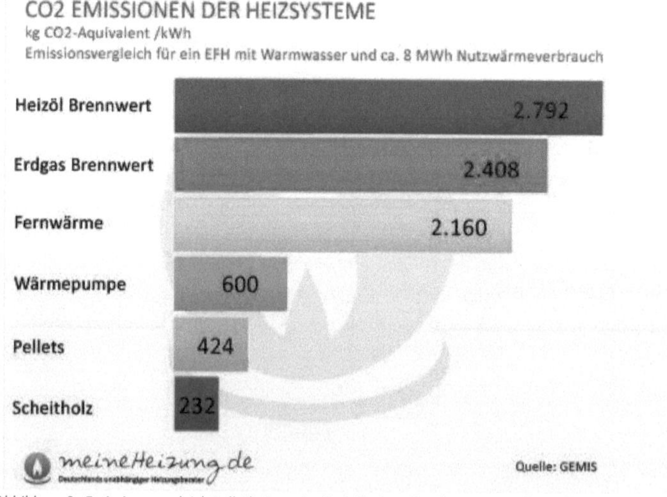

Abbildung 6 - Emissionsvergleich Pelletheizung im Verhältnis zu fossilen Brennstoffen [6]

---

[9]   http://www.german-pellets.de/pelletwissen/heizen-mit-holzpellets/erneuerbare-energien.html

Nachrüstpflichten / bedingte Maßnahmen EnEV 2014/2016

Die EnEV hat ab Mai 2014 neue Vorschriften bzw. Nachrüstpflichten für Altbauten verordnet. Betroffen sind hierbei alle Mehrfamilienhäuser.
Laut der Energieeinsparverordnung müssen bis Ende 2015 beheizte zugängliche oberste Geschossdecken, die den Mindestwärmeschutz – nach Baunorm DIN 4108-2* – nicht erfüllen und über ein zugängliches unbeheiztes Dachgeschoss verfügen, gedämmt werden. Das gilt beispielsweise auch für begehbare oder nicht begehbare Spitzböden sowie nicht ausgebaute Aufenthalts- oder Trockenräume. Doch statt der obersten Geschossdeckendämmung kann auch nur das drüber liegende unbeheizte Dach gedämmt werden.

Der maximale Wärmedurchgangskoeffizient (U-Wert) für diese Bauteile beträgt 0,24W/m²K. Sofern das Dachgeschoss bereits gedämmt ist oder die Vorgaben der Baunorm eingehalten sind, gilt die EnEV 2014 als erfüllt.
Von dieser Regelung ausgenommen sind Ein- und Zweifamilienhaus Besitzer, die vor dem ernannten Stichtag 1. Februar 2002, bereits in ihrem Haus wohnten. Falls der Eigentümer nach dem 1. Februar 2002 wechseln sollte, sind die Nachrüstpflichten binnen zwei Jahren auszuführen.

Hinzukommend ist auch die Dämmung von Heizungsrohren und Warmwasserleitungen. Nach der EnEV sind Rohrleitungen (Wärmeverteilungs- und Warmwasserleitungen) und Armaturen, die sich in einem unbeheizten Raum befinden – beispielsweise die, die in einem kalten Keller verlaufen – zur Dämmung verpflichtet.

Weiterhin gilt für Bestandsgebäude die Austauschpflicht für Heizungen die älter als 30 Jahre sind. D.h. Heizungen, die vor dem 1. Januar 1985 eingerichtet wurden, sind bis zum 1. Januar 2015 auszutauschen. Der Austausch betrifft Standardheizkessel, die mit flüssigen (Öl) oder gasförmigen Brennstoffen (Gas) betrieben werden.
Ausnahmeregelungen gibt es für:

- Niedertemperaturkessel und Brennwertkessel mit einem besonders hohen Wirkungsgrad

- Heizungen mit einer Nennleistung unter vier Kilowatt (kW) oder über 400 kW

- Heizkessel, mit denen nur Warmwasser bereitet wird

- Küchenherde und Geräte, die vor allem den Raum, in dem sie aufgestellt sind, beheizen sollen, die aber zusätzlich auch Warmwasser liefern[10]

---

[10] http://www.energie-fachberater.de – EnEV 2014 Austauschpflicht für alte Heizkessel
* Mindestanforderungen an den Wärmeschutz

Außerdem müssen laut §10 Absatz 5 der EnEV 2014 die Anforderungen nicht durchgeführt werden, „[...] soweit die für die Nachrüstung erforderlichen Aufwendungen durch die eintretenden Einsparungen nicht innerhalb angemessener Frist erwirtschaftet werden können."[11]

Diese Vorgaben und die dazugehörenden sogenannten „bedingte Anforderungen" sind nur dann einzuhalten sofern bauliche Maßnahmen, sprich Sanierung oder Modernisierung, an dem Bestandsgebäude an mehr als 10% der zu veränderten Bauteilfläche, verlasst werden soll. Zum Beispiel bei der Sanierung der Fassadenputz, bei Austausch der Fenster oder Dachdämmung. Dementsprechend gibt die EnEV einzuhaltende Höchstwerte an den Wärmedurchgangskoeffizienten (U-Wert) der jeweiligen Bauteile vor.
Die Vorgaben gelten allerdings nicht, wenn nur ein neuer Anstrich der Fassade vorgenommen werden soll.

Bauteile	Anforderung[1]	Umsetzung[2]
Außenwand	0,24	Dämmung mit 12 bis 16 cm
Fenster Achtung: Maßgeblich ist der U-Wert des gesamten Fensters, der als U_W-Wert bezeichnet wird.	1,30	Zweischeiben-Wärmeschutz-Verglasung
Dachflächenfenster	1,40	Zweischeiben-Wärmeschutz-Verglasung
Verglasungen für Sonderverglasungen wie z.B. Schallschutzverglasungen gelten andere Werte	1,10	Zweischeiben-Wärmeschutz-Verglasung
Dachschrägen, Steildächer	0,24	Dämmung mit 14 bis 18 cm
Oberste Geschossdecken	0,24	Dämmung mit 14 bis 18 cm
Flachdächer	0,20	Dämmung mit 16 bis 20 cm
Wände und Decken gegen unbeheizten Keller, Bodenplatte	0,30	Dämmung mit 10 bis 14 cm
Decken gegen unbeheizten Keller, Bodenplatte (wenn der Aufbau bzw. die Erneuerung des Fußbodens auf der beheizten Seite erfolgt)	0,50	Dämmung mit 4 bis 5 cm
Decken, die nach unten an Außenluft grenzen	0,24	Dämmung mit 14 bis 18 cm

[1]U-Wert [W/(m²K)], [2]Orientierungswerte

Abbildung 7 - EnEV 2014/2016; Höchstwerte für Außenbauteile Bestandsgebäuden [7]

---

[11] http://www.enev-online.com – Nachrüstung Anlagen und Gebäude

Eine zweite Stufe der Verschärfungen hat die EnEV 2014 bereits im Jahr 2014 beschrieben und überarbeitet. Darin werden neue Anforderungen für Neubauten definiert, die jedoch erst ab dem 01. Januar 2016 – mit dem Titel EnEV 2016 – in Kraft treten. Dabei geht es um den energetischen Standard für Neubauten und für Wohn- und Nichtwohngebäude – d.h. im Wesentlichen um den Primärenergiebedarf und der Transmissionswärmeverlust.

Die verschärften Vorgaben gelten sobald eine Bauanzeige oder ein Bauantrag nach dem Stichtag eingereicht oder gestellt wird.

Angerechnet für den Primärenergiebedarf wird die tatsächlich benötigte Heizenergie von Gebäuden und auch der Anteil zur Erzeugung der erforderlichen Energie.
Der Transmissionswärmeverlust beschreibt die Wärmeschutzqualität aller Gebäudehüllflächen und greift damit auf die Dämmung zurück. Bemessen wird hier das Maß an Wärmeverlust, der über Fenster, Außenwände, Türen usw., bei einem bestimmten Außen- und Innentemperaturunterschied, entsteht.

Der Grenzwert der EnEV 2016 besagt: Weniger Primärenergiebedarf für Anlagentechnik um 25 Prozent und mehr Dämmung bzw. Wärmeschutz für die Außenhülle eines Neubaus um 20 Prozent. Es werden also nicht nur die Dämmung eines Gebäudes berücksichtigt, sondern auch die technischen Anlagen, wie Heizung und Belüftung.

Damit soll die Technik zum Heizen, Wassererwärmung, Belüftung sowie Kühlung effizienter werden. Auch die Verschärfung für die Dämmung von Fenster, Außenwände, Dächer und obersten Geschossdecke in Neubauten soll dazu dienen die Energieeffizienz eines Gebäudes zu verbessern.

Unter den Nachrüstpflichten für die Anlagentechnik und die Außenhülle zählen also:

- der Einbau einer Heizungsregelung
- die Installation von Thermostaten
- der Austausch alter Heizkessel
- das nachträgliche Dämmen von Heizungsrohrleitungen
- die Dämmung der obersten Geschossdecke

Weiterhin kann die Gebäudedämmung durch eine Erhöhung der bereits eingesetzten Dämmstärke oder auch durch die Qualität der Dämmung nachgerüstet werden. Durch hochwertige Wärmeschutzverglasungen können auch die Fenster verbessert werden. Außerdem bedürfen Türen und Tore hohem Wärmeschutz, um auch die Anforderungen zu erfüllen. Des Weiteren müssen mögliche Wärmebrücken an der Baukonstruktion korrigiert werden.

Fazit

Alles in Allem ist dem Eigentümer sowohl eine Teilsanierung – sofern die aktuell schlechten U-Werte der Fenster an den Vorgaben der EnEV nachgerüstet werden – als auch eine Komplettsanierung des Hauses zu empfehlen. Durch den Kredit der KfW lassen sich beide Maßnahmen ausführen.

Empfehlungswert ist außerdem eine ökologische Alternative der Heizung mit einer Pellet-Anlage auszurüsten. Die Pelletheizung funktioniert automatisch und muss nicht wie der Scheitholzkessel per Hand beladen werden.

Fest steht, dass eine energetische Sanierung den Energiehaushalt des Hauses kontinuierlich verringert. Zugleich kann der Energiebedarf um bis zu 35 Prozent[12] mit der Außenwanddämmung und die Dachflächendämmung reduziert werden und damit auch die Heizkosten. Es ist demnach lohnenswert eine Überfüllung der EnEV Vorgaben zu erzielen, denn so stehen nicht nach kurzer Zeit weitere Änderungen an. Bedachte Dämmmaßnahmen und moderne Heizanlagen helfen dabei langfristig viel Geld und somit auch Heizkosten zu sparen.

Bei all dem Maßnahmen geht es darum ein optimales Raumatmosphäre zu kreieren bei einem möglichst geringen Wärmeverlust.

---

[12] https://www.drklein.de/kfw-effizienzhaus.html

Abbildungsverzeichnis

Abbildung 1 - Auszug aus Tabelle 1 EnEV - aktuelle Fassung 9

Abbildung 2 - optimale Brennwertnutzung durch hydraulischen Abgleich [2] 10

Abbildung 3 - Werte für Fenster nach EnEV [3] 14

Abbildung 4 - Einsparungen nach energetischen Sanierungen [4] 16

Abbildung 5 - Sanierung zum KfW-Effizienzhaus [5] 18

Abbildung 6 - Emissionsvergleich Pelletheizung im Verhältnis zu fossilen Brennstoffen [6] ... 20

Abbildung 7 - EnEV 2014/2016; Höchstwerte für Außenbauteile Bestandsgebäuden [7] 22

Quellen

Deckblatt Exposee Text:
https://www.bauemotion.de/magazin/modernisierungsmassnahmen-was-am-haus-renovieren-oder-sanieren/15002484/

[1] Deckblatt Abbildung:
https://www.ingenieurbuero-irmer.de/uploads/images/Headerbilder/modernisierung.jpg

[2] https://www.swe.de/hydraulischer-abgleich

[3] http://www.fensterfinder.de/fenster-kaufen/enev-2014

[4] https://www.energieheld.de/beratung/energetische-sanierung

[5] www.kfw.de

[6] http://www.meineheizung.de/fotos/content/CO2-Emissionen-Pelletheizung.jpg

[7] https://www.verbraucherzentrale.de/wissen/energie/energetische-sanierung/energieeinsparverordnung-enev-13886

[8] http://energieberatung.ibs-hlk.de

[9] https://www.fensterversand.com/u-wert.php

[10] http://www.komfortlüftung.at

[11] https://www.energieheld.de/dach/dachdaemmung/enev

[12] https://www.sbz-monteur.de/2011/07/29/erklar-mal-geregelte-und-ungeregelte-pumpen/

[13] https://www.kaminsystem.de/abgassysteme-aus-pp-fuer-gas-und-oel-brennwert.html

[14] https://www.haustechnikdialog.de/Forum/t/112056/Was-bedeutet-55-45

[15] https://daemmen-lohnt-sich.de/energiesparen/heizkosten-senken/fenster-erneuern

[16] https://www.renewa.de/kompetenzen/dach

[17] https://www.estador.de/kfw/kredit-sanierung.html

[18]   https://www.kfw.de/inlandsfoerderung/Privatpersonen/Bestandsimmobilien/Energe
tische-Sanierung/KfW-Effizienzhaus-Denkmal/

[19]   https://www.immobilienscout24.de/bauen/baulexikon/kfw-55.html

[20]   https://www.das-baudenkmal.de/wissenswertes/foerderung/kfw/

[21]   https://www.ib-sh.de/fileadmin/user_upload/downloads/Immobilien/KfW-
Programm_Energieeffizient_Sanieren/Bestaetigung_Kreditantrag_KfW-
Programm_Energieeffizient_Sanieren.pdf

[22]   https://www.viessmann.de/de/wohngebaeude/festbrennstoffkessel/pelletkessel/pel
letheizung-vorteile.html

[23]   https://www.heizungsfinder.de/heizung/regenerative-systeme

[24]   https://www.scholl-haustechnik.de/scripts/_show.aspx?content=/public/tipps_
innovationen/waerme/erneuerbare_energien/pellets_biomasse

[25]   https://www.biomasse-nutzung.de/pelletheizung-regenerative-brennstoffe/

[26]   https://www.financescout24.de/wissen/ratgeber/energieeinsparverordnung-2014-
2016

[27]   http://www.energie-fachberater.de/news/enev-2014-nachruestpflichten-bei-der-
waermedaemmung.php

[28]   https://www.t-online.de/heim-garten/bauen/id_69378726/enev-2014-vorschriften-
fuer-neubau-umbau-und-bestandsgebaeude.html

[29]   http://www2.haus-und-grund.com/enev2014.html

[30]   https://www.energie-experten.org/energie-sparen/energieberatung/
energieeinsparverordnung-enev/enev-2016.html

[31]   https://www.energie-experten.org/fileadmin/_processed_/5/3/csm_Daemmung_
Dachdaemmung_Pflicht_Grafik_energie-experten.org_01_55b89ba20e.jpg

[32]   http://www.enev-online.com/enev_praxishilfen/vergleich_enev_2016_enev_2014_
neubau_wohnbau_2_betroffene_bauvorhaben_15.07.20.htm

[33]   http://medien.enev-online.de/infos_2015/150903_tuschinski_enev_ab_2016_
betroffene_bauvorhaben.pdf

[34]   https://www.eccuro.com/artikel/179-enev-2016-die-aenderungen-im-ueberblick

[35]   https://www.eccuro.com/artikel/354-nachruestpflichten-der-enev-darauf-muessen-hauskaeufer

[36]   http://www.enev-online.com/enev_praxishilfen/vergleich_enev_2016_enev_2014_neubau_wohnbau_4_waermeschutz_bauhuelle_15.07.20.htm

[37]   https://www.phil.uni-passau.de/fileadmin/dokumente/lehrstuehle/michler/Eigenstaendigkeitserklaerung.pdf

[38]   https://www.haufe.de/immobilien/verwalterpraxis/enev-2014-aenderungen-und-neue-pflichten-fuer-immobilien-13-bedingte-anforderungen-bei-baulichen-massnahmen-im-gebaeudebestand-9-enev_idesk_PI9865_HI6716749.html

[39]   https://www.verbraucherzentrale.de/wissen/energie/energetische-sanierung/energieeinsparverordnung-enev-13886

[40]   https://scherwat.de/blog/nachruestpflicht-fuer-die-daemmung-der-obersten-geschossdecke/

[41]   https://www.drklein.de/kfw-effizienzhaus.html

Aufgabenstellung

Für das Gebäude sind im Rahmen der Energieerfassung der Ist- Zustand und dann div. Sanierungsvorschläge zu erarbeiten.

Bestandsaufnahme und Dokumentation des Modernisierungsobjektes

- Darstellung des wärmetechnischen bzw. heizenergetischen Ausgangsniveaus (U-Werte der energetisch relevanten Bauteile
- Berechnung U- Werte folgender Bauteile (Wände und Bodenplatte)
- Bewertung der Bauteile - energetisch.
- Einschätzung: inwieweit sind die Heizkosten und Brennstoffverbräuche eher niedrig oder hoch sind in Anbetracht auch der Vorgaben der U-Werte in der untenstehenden Tabelle.
- Erstellung wärmetechnisch relevante Angaben zur Lüftungsart.
  - Was ist der Nachteil von Fensterlüftungen? Kann hier eine Lüftungsanlage eingebaut werden?

Entwicklung und Darstellung eines Konzeptes zur Verbesserung der Energiebilanz

A. **Berücksichtigung der Anforderungen der EnEV. Jede Einschätzung ist für sich allein zu betrachten.**
   - Im Zusammenhang mit der Dämmung der Dachflächen sind die Anforderungen der EnEV zu erfüllen. Gleichzeitig soll diese Maßnahme durch Veränderungen der Wärmeerzeugeranlage (komplette Heizung) begleitet werden.
   - Empfehlungen an den Bauherrn geben.
   - Quantifizieren mögliche Einsparungseffekte!
     - Bietet sich diese Variante an?

B. **Komplettsanierung: Der Bauherr beabsichtigt eine Komplettsanierung seines Gebäudes.**
   - Erstellung entsprechender konzeptioneller Vorstellungen und Begründung der vorgeschlagenen Maßnahmen.
   - Quantifizieren möglichen Einsparungseffekte!

C. **KfW: Der Bauherr will zinsverbilligte Darlehen der KfW in Anspruch nehmen.**
   - Welche kann er in Anspruch nehmen?
   - Was fordert die KfW bei einem Gebäude mit der KfW- Effizienzhaus 160%?

Gebäudeerfassung

Erfassung Bestand   Gebäude Baujahr 1974

Der Keller und das Dachgeschoß sind komplett beheizt (Spitzboden nicht). Der Drempel ist 75 cm hoch

	Bezeichung	WLG	d in cm	p kg/m³
1. Dach	Sperrholz	-	1,25	700
stark hinterlüftet 4cm	Mineral. und pfl. Faserdämmstoffe	035	4	-
U- Wert = 0,77 W/m² K	Unterspannbahn	-	-	-
	Dachziegel	-	-	-

Über die Abseitenwand hinaus wurde bis zum Drempel gedämmt.
Die Dämmung ist eine Zwischensparrendämmung
Das Achsmaß beträgt 75 cm, der Sparren ist 10/20 cm Konstruktionsholz   **700**

	Bezeichung	WLG	d in cm	p kg/m³
2. Oberste Geschoßdecke	Gipskartonplatte nach DIN 18180	-	1,25	900
U- Wert = 0,75 W/m² K	Mineral. und pfl. Faserdämmstoffe	040	6	-
	Sperrholz		1,5	700

Das Achsmaß beträgt 75 cm, der Balken ist 10/20   Konstruktionsholz   **700**

	Bezeichung	WLG	d in cm
3. Außenwand	Putzmörtel aus Kalkgips	$\lambda=0,7$	1,5
	Kalksandstein NM/DM	$\lambda=1,3$	**25**
	Putzmörtel aus Kalk	$\lambda=1,0$	1,5
3a Außenwand West KG	Putzmörtel aus Kalkgips	$\lambda=0,7$	1,5
	Kalksandstein NM/DM	$\lambda=1,2$	**40**
	Putzmörtel aus Kalk	$\lambda=1,0$	1,5

	Bezeichung	WLG	d in cm	p kg/m³
4. Bodenplatte	Zement-Estrich	$\lambda=0,7$	5	
	PE-Folie 0,25 mm unter Estrich	-		
	Polystyrol- Partikelschaum	WLG = 035	14	20
	Beton mit 1% Armierungsanteil	$\lambda=2,1$	15	2300
	PP- Folie	-	0,07	

	Bezeichung	WLG	d in cm
5. Kelleraußenwand	Putzmörtel aus Kalkgips	$\lambda=0,7$	1,5
	Kalksandstein	$\lambda=2,2$	40
	Bitumenbahnen DIN 52129	$\lambda=0,17$	0,5
	Perimeterdämmung aus Schaumglas außerhalb der Abdichtung	WLG 045	10

6. Fenster und Lichtschachtfenster   Verbundfenster aus Holz U = 2,50 W/m²k, g = 0,8

6 a Dachflächenfenster 1,0m x 1,2 m   wurden erneuert und sollen bleiben U-Wert von 1,7 W/m²K g- Wert 0,65

7. Türen im KG   Garagentor und KG-Tür aus Vollholz U-Wert von 2,8 W/m²K Farbe dunkel

8. Türen im EG   Hauseingangstür aus Holz U-Wert von 2,5 W/m²K Farbe dunkel

vorhandene Heizungsanlage

Heizung	Standardkessel Museum Gebläsekessel
Heizung	EL 10,08 kWh/l
Nennleistung	30 kW
Baujahr	1974
Systemtemperatur	90/70

Nachtabsenkung
Ventile, Handregelung- häufiger Nutzeingriff ohne Temp.- Vorregelung
Warmwasserbereitung über Heizungsanlage
Dämmung der Heizungsleitungen halbe EnEV
Raumtemperatur 19° C
Heizungspumpe ungeregelt
Steigestränge im Außenwandbereich
Verteilung innerhalb der thermischen Hülle
hydraulischer Abgleich typisch für Altbau
freie Heizflächen, Anordnung in Außenwandbereich
Faktor Überdimensionierung typisch für Altbau
Zirkulationsleitung
indirekt beheizter Speicher, Dämmung schlecht 160 l
Dämmung der Warmwasserleitung mäßig

Der Kunde will folgende Sanierung vornehmen lassen:

neue Heizungsanlage mit Gas- Brennwertkessel verbesserte Standartwerte
der alte Öltank soll demontiert werden, dafür soll Gasanschluss verlegt werden
Schornsteinsanierung mit Kunststoffrohr
Thermostat-Ventile mit 1K
Dämmung nach EnEV
Auslegungstemperatur 55/45
hydraulischer Abgleich
Leistungsgeregelte Pumpe

Wasserspeicher neu mit Dämmung nach EnEV
Zirkulationsleitung

Bauphysik

Dach Ziegeleindeckung wird neu ziegelrot	Die vorhandene Dämmung von 4 cm wird entfernt. Dämmung mit mineral. Faser WLG 035 in der Sparrenhöhe PE- Folie 0,25 mm Es werden neue Gipskartonplatten DIN 18180 angebracht 12,5 mm 900 kg/m³ Dazu werden Leisten in einer Stärke von 4cm auf den Sparren genagelt, so dass eine Installationsebene entsteht
Oberste Geschoßdecke	Die vorhandene Dämmung von 6 cm wird entfernt. Dämmung mit mineral. Faser WLG 035 bis zur Balkenhöhe PE- Folie 0,25 mm Es werden neue Gipskartonplatten DIN 18180 12,5 mm auf Leisten in einer Stärke von 4 cm aufgebracht.
Außenwand Farbe hell	Auf den vorhandenen Putz (kann verbleiben) soll Polystyrol-Partikelschaum 15 kg/qm WLG 035 aufgeklebt werden Dick 14 cm als WDVS
Bodenplatte	soll nicht verändert werden
Fenster	Die Fenster werden ausgewechselt. Neu: Wärmeschutz-/Isolierglasfenster $U_w = 1,4\ W/m^2K$ $g = 0,57\ \%$
Kelleraußenwand	bleibt unverändert, außer Kelleraußenwand West Dämmung wie Außenwände
Kellerwand	befindet sich komplett im Erdreich, **bis auf Garageneinfahrt West**
Dachneigung	38 °
Wohnzimmer	Ist nach Süden ausgerichtet
Haustür neu	$U = 1,7\ W/m^2k$ Farbe dunkel , die anderen Türen sollen bleiben

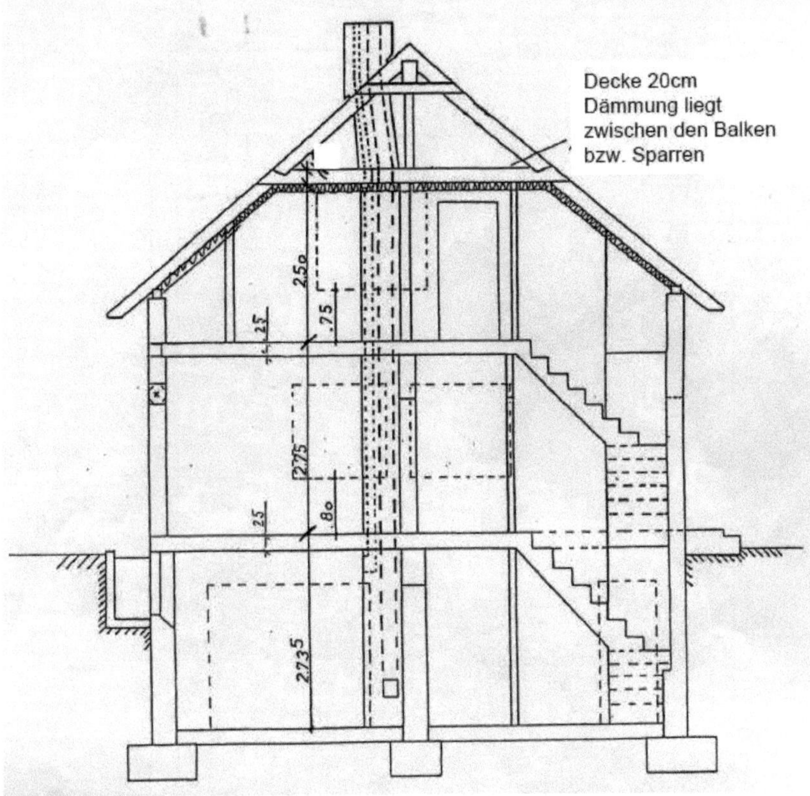

SCHNITT A—A
M: 1:5o
Decke 20cm
Dämmung liegt
zwischen den Balken
bzw. Sparren
2,5o
,25
,75
2,75
,8o
,25
2,735

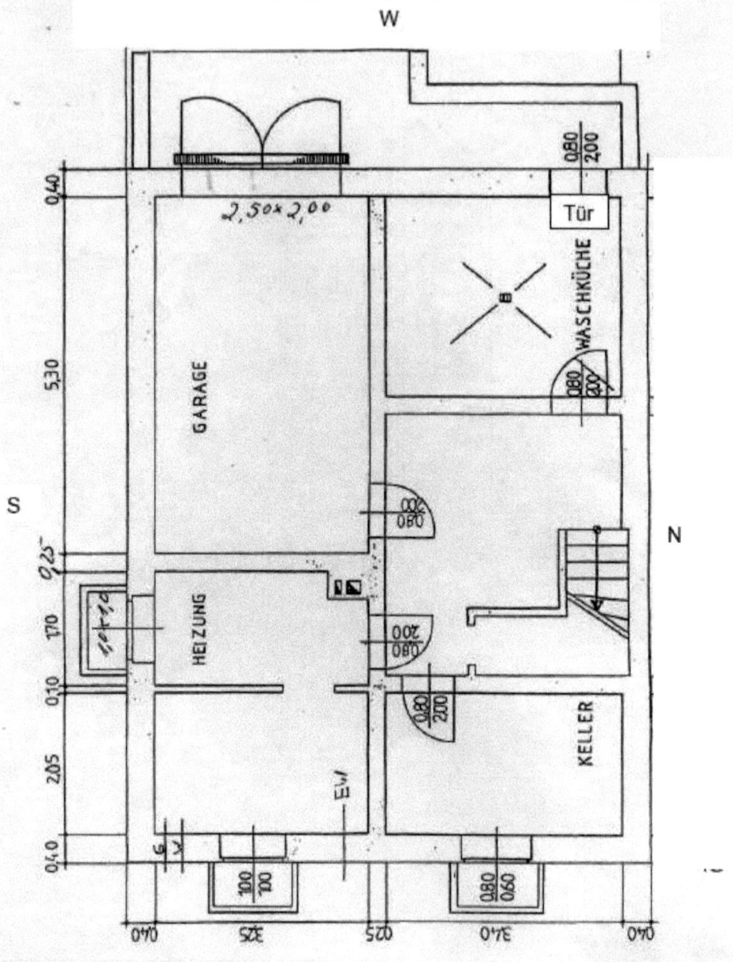
W
2,50 x 2,00
GARAGE
WASCHKÜCHE
Tür
HEIZUNG
KELLER
EW
S
N
O

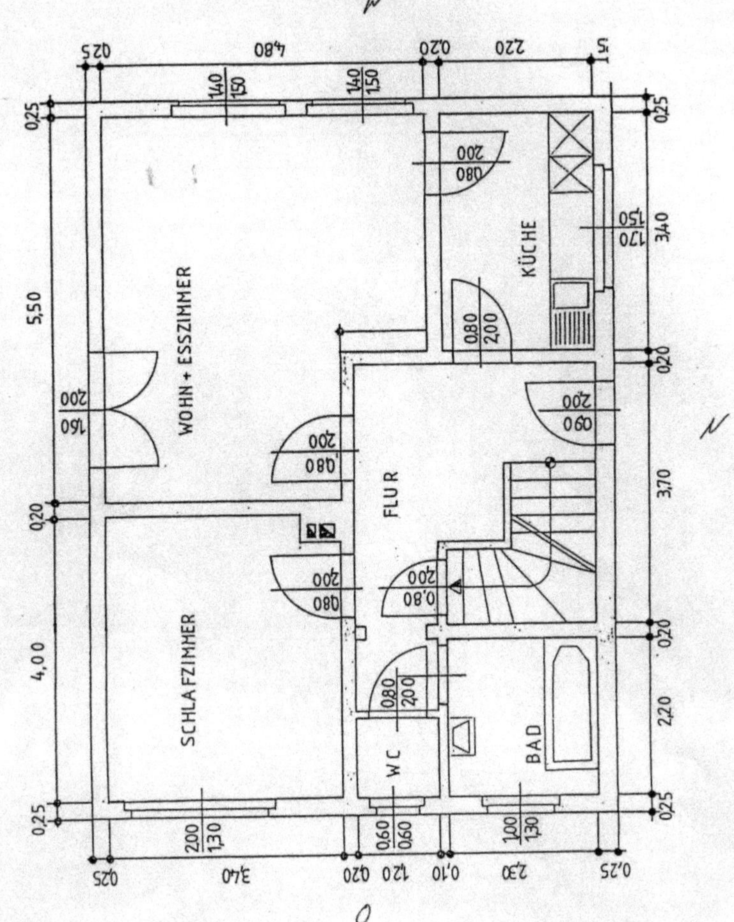
WOHN + ESSZIMMER
KÜCHE
SCHLAFZIMMER
FLUR
WC
BAD

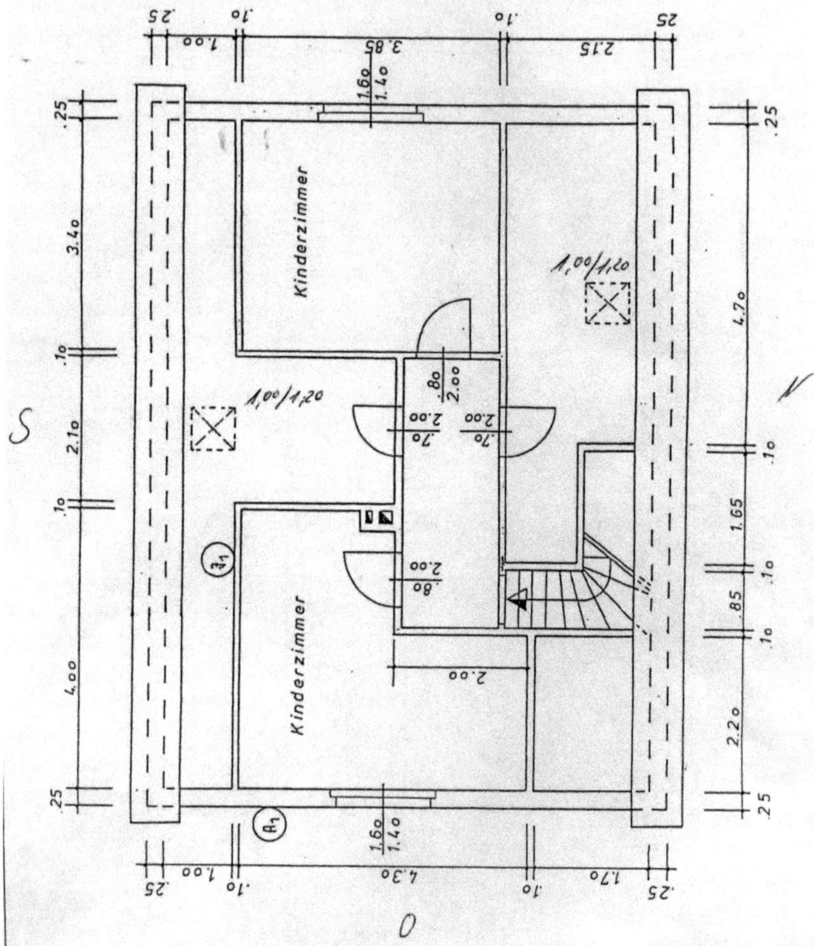
Kinderzimmer
Kinderzimmer
1,00/1,20
1,00/1,20
S
O
N